Sitzungsberichte
der Heidelberger Akademie der Wissenschaften
Stiftung Heinrich Lanz
Mathematisch-naturwissenschaftliche Klasse
Jahrgang 1925. 15. Abhandlung.

Palaeosemaeostoma geryonides v. Huene sp., eine sessile Meduse aus dem Dogger von Wehingen in Württemberg und

Medusina liasica nov. sp., eine Coronatenähnliche Meduse aus dem mittleren Lias von Hechingen in Württemberg.

Von

L. Rüger und **P. Rüger-Haas**
in Heidelberg.

Vorgelegt in der Sitzung vom 12. Dezember 1925
von Herrn Salomon-Calvi.

Mit 2 Tafeln in Lichtdruck und 2 Textfiguren.

Berlin und Leipzig 1925
Walter de Gruyter & Co.
vormals G. J. Göschen'sche Verlagshandlung / J. Guttentag, Verlagsbuchhandlung / Georg Reimer / Karl J. Trübner / Veit & Comp.

Palaeosemaeostoma geryonides v. Huene sp.

(L. RÜGER).

Das nachfolgend beschriebene Medusenexemplar stammt aus dem geologischen Institut der Universität Tübingen. Für die freundliche Überlassung zur Bearbeitung bin ich Herrn Prof. HENNIG zu verbindlichstem Danke verpflichtet.

Für die liebenswürdige Unterstützung der Arbeit schulde ich ferner Herrn Prof. Dr. HERBST und Fräulein Dr. CL. HAMBURGER vom hiesigen zoologischen Institut meinen Dank.

Allgemeiner Befund.

Gestein: Es ist der typische rotbraune, feinschichtige und feinkörnige Sandstein, wie er aus dem Dogger β bekannt ist. Durch Glimmerlagen wird eine ebenflächige, dünnplattige Spaltung hervorgerufen. Das Gesteinsmaterial stimmt vollkommen mit dem von v. HUENE (1901) beschriebenen Stücke überein, welches aus dem Dogger β stammt, so daß die Richtigkeit der Angabe „Dogger γ" für das vorliegende Stück zweifelhaft erscheint.

Lage des Fossils: Der Abdruck liegt in der Ecke einer rechteckigen Platte von 13 × 6,8 cm Kantenlänge, deren einer schmaler Rand zerbrochen ist. Die Dicke der Platte beträgt 11 mm. Die Fläche, auf welcher der Abdruck sich befindet, ist ziemlich glatt und zart gewellt. Es ist der Habitus, wie er lithologisch von Emersionsflächen, Korrosionsflächen und ähnlichem bekannt ist. Es befinden sich auf der Fläche mehrere undeutliche Eindrücke; in einigen von ihnen sind geringe Reste einer schwarzen Substanz vorhanden (vielleicht Asphalt). Die Form der Eindrücke ist verschieden: entweder kurz, eng und tief oder lange seichte Rinnen. An einer Stelle (auch in Fig. 2 der Taf. I zu sehen) befindet sich auch eine unregelmäßig leistenartige Erhebung. Ein Teil dieser Gebilde erinnert an Problematica, die öfters als Kriechspuren gedeutet werden. Ist dies der Fall, so wäre daraus die Lage der Schichtplatte im Verband zu folgern: es muß die Dachregion sein. Dies wird durch weitere noch zu besprechende Erscheinungen gestützt.

Außer dieser Platte liegt eine zweite vor, welche von der Unterseite der erstgenannten abgespalten wurde. Ihre Dicke beträgt 9—10 mm, so daß sich die Gesamtdicke der Platte also auf 19—20 mm beläuft.

Beschreibung und Deutung des Abdruckes.

Die Medusennatur ist außer Zweifel und zwar handelt es sich wie bei *Medusina geryonides* v. Huene um das Negativ der Subumbrellarseite. Es wurde ein Gipsabguß genommen, dessen Photographie sich auf Taf. I Fig. 3 befindet.

Der Abdruck ist von außerordentlicher Schärfe und fast vollständig in seinem Umriß erhalten, lediglich ein kleines Stück des Randes ist abgebrochen. Der Umriß ist fast kreisförmig, die Abweichung dürfte auf mechanische Deformationen während der Sedimentation zurückzuführen sein. Der Durchmesser beträgt rund 4,5 cm.

Der Rand des Abdruckes wird durch eine erhöhte gerundete Leiste (*p* in Fig. 2 der Taf. I) von $1^1/_2$—1 mm Stärke und $^1/_2$—1 mm Höhe (über dem Gestein gemessen) gebildet. Von ihm verlaufen radiale Leisten (r_1, r_2, r_3 usw.) nach dem zentral gelegenen stumpfen Kegel.

Man geht nicht fehl, in dem zentralen Teil den Magen zu sehen, von welchem aus die Radialkanäle (die oben genannten Leisten) nach dem Ringkanal (dem oben beschriebenen Rand) verlaufen.

Von Interesse und Wichtigkeit für die systematische Deutung ist nun die Ausbildung der Radialkanäle. Sie sind in Fig. 2 der Taf. I und Fig. 2 in Taf. II mit r_1, r_2 bis r_{10} bezeichnet und zerlegen die ganze Form in verschieden große konkave Felder (also in Wirklichkeit Polster). An den Segmenten gemessen, schwankt die Breite zwischen 9 und 19,5 mm, wobei, wie auch v. Huene bei seiner *Medusina geryonides* hervorhebt, durchaus nicht eine bestimmte Anordnung nach der Größe feststellbar ist.

Die Radialkanäle r_1—r_3, r_5, r_7—r_{10} (also 8) gehen vom Magen bis zum Ringkanal, in welchen sie offensichtlich einmünden. Die Kanäle r_7 und r_9 sind zwar undeutlich, aber immer noch einwandfrei bei genauer Betrachtung als Leiste (also in Wirklichkeit Kanal) bis zum Rand verfolgbar. Hierbei entspringen r_9 und r_{10} einem gemeinsamen Stück, so daß hier wohl eine Gabelung vorliegt. — Die Radialkanäle r_4 und r_6 dagegen sind als solche nur ein kurzes Stück verfolgbar. Bei r_4 setzt am distalen Ende eine breite schwache Aufwölbung (also in Wirklichkeit Einmuldung) ein, die bis zum Ringkanal reicht, es ist diese in Fig. 2 der Taf. I deutlich zu erkennen. Auch r_6 endet blind. Eine Zerstörung bei der Fossilisation oder später, wodurch etwa ein Teil des Kanals verschwand, kommt der ganzen Beschaffenheit nach keinesfalls in Frage so daß gefolgert werden muß, daß die Radialkanäle blind enden, den Ringkanal also nicht erreichten. Die Aufwölbung in Fortsetzung von r_4 ist nicht als Kanal zu deuten, nur eventuell als eine beginnende Anlage desselben.

Diese Tatsache aber erscheint bedeutungsvoll: um eine Geryonide (und überhaupt um eine Trachomeduse) kann es sich nicht handeln. Bei diesen setzen gerade vom Ringkanal aus die durchgehenden wie die blind endenden (zentripetalen) Radialkanäle an. Auch diese Frage wird später noch zu behandeln sein.

Somit liegt also eine 10 (5) Zähligkeit der Form vor, wobei durch 8 Radialkanäle eine vollkommene, durch weitere 2 eine unvollkommene Gliederung des Medusenkörpers erreicht wird. Doch zeigt sich, wie bei der Beschreibung des Magens hervorgeht, daß man eventuell auch eine 12 (6) Zähligkeit des Tieres vermuten könnte.

In dem durch die Radialkanäle r_1 und r_2 begrenzten Felde ist ein rundlicher Knoten (*o* der Fig. 2 Taf. I) zu bemerken, welcher den Eindruck macht, als handle es sich hier um die Ausfüllung einer Röhre. Dies wird noch dadurch bestärkt, daß sich außerhalb des Ringkanales eine kräftige Rinne befindet. Der Ringkanal selbst macht den Eindruck, als sei er etwas eingesunken, ohne jedoch zerstört zu sein. Genau einen solchen Knoten, jedoch ohne Rinne, besitzt auch *Medusina geryonides.* Auf der bei von v. Huene gegebenen Abbildung ist der Knoten im Nordostquadranten und direkt auf dem Ringkanal gelegen, der hier unterbrochen ist. Da es kein Organ bei den Medusen gibt, dessen Lage und Form auf diese Gebilde auch nur annähernd zutreffen könnte, und da es sich ebenfalls nicht um zufällige Beschädigungen handeln kann, so ist am ehesten zu vermuten, daß es sich hier um den Gang irgendeines bohrenden Tieres[1]) (eventuell eines Aasfressers) handelt, welches sich in die abgestorbene Meduse einbohrte. Dafür spricht gerade das vorliegende Exemplar, bei welchem der Bohrgang unter dem Ringkanal ging und dieser dann in die so entstandene Unterhöhlung einsackte. Auch das Gesteinsmaterial unterscheidet sich, beiläufig bemerkt, durch seinen größeren Calcitgehalt von seiner Umgebung. Weitere solche Bohrgänge finden sich direkt an der Einmündung des Radialkanals r_7 in den Ringkanal und ferner ein kleiner zwischen r_8 und r_9. Bei beiden ist die Fortsetzung nach außen zu beobachten.

Besondere Aufmerksamkeit wurde der Beschaffenheit der Radialkanäle zugewendet, besonders ob hieran nicht vielleicht noch Spuren der Gonaden erhalten sind. Nun zeigen die Radialkanäle stellenweise eine Verdickung, die man vielleicht dahin deuten könnte, indessen ist dies so unsicher, daß von der weiteren Beschreibung dieser und anderer

[1]) Wenn man bei der weichen Gallerte überhaupt von „Bohren" reden will.

noch u. d. L. bemerkbaren, aber nicht deutbaren Kleinformen Abstand genommen werden kann.

Das interessanteste Gebilde aber zeigt die entgegengesetzte Seite der Platte sowie die zweite Platte. Bereits v. Huene wies bei seinem Exemplar darauf hin, daß vom zentralen Teil aus gesteinseinwärts ein Stiel verläuft, der auf der Gegenseite wieder herauskommt und an dem von v. Huene abgebildeten Exemplar sehr deutlich etwas geringelt ist. Die Länge des Stieles bei dem v. Huenéschen Exemplar beträgt mindestens 35 mm. Ganz genau so findet sich ein solcher Stiel bei vorliegendem Exemplare, dessen Durchmesser 6 mm und dessen Länge mindestens 20 mm (Dicke beider Gesteinsplatten) beträgt; allerdings müßte man streng genommen die Tiefe des Medusenabdruckes abziehen, was aber kompensiert wird, da sich der Stiel ohne Zweifel noch weiter in das Gestein erstreckte. Von Huene deutete dieses Gebilde als Magenstiel. Diese Deutung aber erscheint mir nicht angängig. Die normale Lage kann es von vornherein nicht sein, da der Magenstiel (wenn die Form überhaupt einen besaß, was, wie noch gezeigt wird, kaum der Fall war) gerade in entgegengesetzter Richtung verlaufen müßte: nämlich auf der konkaven Innenfläche. Aber es kann auch nicht der vielleicht bei der Fossilisation durchgedrückte Magenstiel sein — ein Vorgang der übrigens ebenfalls schwer verständlich wäre. Zudem ist der Magen ganz vorzüglich erhalten, was nicht der Fall sein könnte, wenn der Magenstiel etwa nach entgegengesetzter Richtung durchgedrückt worden wäre.

Die Deutung als Magenstiel schaltet somit aus. Es sind nur zwei Möglichkeiten denkbar, entweder es handelt sich um einen blind geschlossenen Grundmagen (gaster basalis) oder aber es ist ein Schirmstiel (pedunculus umbrellae), wie er bei den Depastriden und Lucernariden (Stauromedusen) auftritt und bei letzteren zur Festheftung an den Meeresboden dient. Die Betrachtung zeigt, daß sich der mittlere Teil des Stieles durch die Gesteinsbeschaffenheit deutlich von dem peripheren Teil unterscheidet — vielleicht ein Hinweis, daß ein Kanal durch den Stiel lief, wie dies ja auch bei den gestielten recenten Formen der Fall ist.

Daraus ist zu folgern, daß es sich bei vorliegender Meduse (wie bei den Depastriden und Lucernariden, mit welchen sie übrigens sonst durchaus nichts zu tun hat) um eine gestielte und sessile Form handelt.

Das gleiche trifft für v. Huenes *Medusina geryonides* zu. Damit kann eine andere Erscheinung erklärt werden, nämlich die Schärfe des Abdruckes. Die planktonische Lebensweise ist ja ohne Zweifel eine sekundär erworbene Eigenschaft. Mit der Anpassung an die planktonische

Lebensweise ist notwendigerweise die entsprechende Anpassung des Körpers — Zartheit, Leichtigkeit, Durchsichtigkeit usw. — verbunden. Gewiß gibt es wohl freischwimmende Medusen, bei welchen bisweilen der Körper eine erhebliche Konsistenz besitzt, aber selbst unter Berücksichtigung dieser Tatsache muß trotzdem die Schärfe des Abdruckes überraschen. Dazu kommt, daß wir es mit einem Sandstein zu tun haben, der trotz seines feinen Kornes doch immerhin nicht so günstig ist wie ein reines Tonsediment oder ein Kalkschlamm (z. B. die bekannten kanadischen Schiefer, den Solenhofener Kalk usw.). Unsere Form muß also von einer ganz erheblichen Konsistenz gewesen sein, viel erheblicher als bei den jetzigen Medusen. Dies ist aber durchaus verständlich, wenn man die Sessilität annimmt: eine sessile Form muß selbstverständlich erheblich fester als eine pelagische sein.

Es sei nun der zentrale Teil betrachtet, welcher also den Ausguß des Magens darstellt. Seine Gestaltung ist für die Bestimmung der Grundzahl (homotypischen Zahl) besonders wichtig, wichtiger als die Zahl, welche man an den peripheren Teilen bekommt (vgl. HAECKEL 1881 S. 134). Zur Erläuterung der nachfolgenden Ausführungen ist dieser Teil in doppelter Vergrößerung in Fig. 2 auf Taf. II dargestellt. Die Gesamthöhe mit 3 mm erreicht an einer Stelle gerade noch die Höhe des Ringkanales, bleibt aber sonst meist darunter, was aber wohl auf Kosten einer geringen Verdrückung zu setzen ist. Dabei ist ferner zu berücksichtigen, daß der Magenausguß nicht im tiefsten Teil der konkaven Felder ansetzt; vielmehr wird deren tiefster Teil bereits vor dem Magen erreicht, so daß also der Boden des Eindruckes zunächst periklinal vom Magen abfällt um dann erst wieder gegen den Ringkanal anzusteigen. Es ist dies auch in Fig. 2 auf Taf. I erkennbar.

Der zentrale Teil zerfällt, wie Fig. 1, 2 Taf. II und Fig. 2 Taf. I zeigt, in zwei scharf getrennte Teile: ein basaler, unregelmäßig sternförmiger Teil, dem eine etwas unregelmäßige oblonge Platte aufgesetzt ist, welche eine annähernd zentral gelegene Vertiefung zeigt.

In dem erstgenannten basalen Teile hat man den Zentralmagen (gaster centralis, Centrogaster) zu sehen, während der aufgesetzte Teil den Mundmagen (gaster buccalis, pharynx) darstellt (vgl. HAECKEL 1881, KÜKENTHAL 1923/25).

Da es sich, wie schon bemerkt, um den Ausguß handelt, ist es zweckmäßig, sich von vornherein dies Gebilde in seiner ursprünglichen Gestaltung, nämlich als Hohlform vorzustellen. Dies soll vor allem dazu verhelfen, die Gestaltung der Mundöffnung, der schon genannten Vertiefung, festzustellen. Denn da es sich in dem vorliegenden Negativ um eine Vertiefung handelt, so müßte angenommen werden, daß ursprünglich eine entsprechende Vollform vorlag. Dies ist jedoch nicht der Fall, was die genaue Betrachtung des Gipsausgusses zeigt (Fig. 3 auf Taf. I). Dieser zeigt nämlich in der Mitte einen kleinen Kegel, dessen Spitzenregion einen Durchmesser von 1,4 mm besitzt. Hier ist eine kleine kraterartige Vertiefung eingesenkt: der „Kraterwall" ist scharf abgesetzt und gut gerundet. Daraus ist zu folgern, daß die Mundöffnung welche in den Mundmagen führt, als kleiner Trichter in diesen eingesenkt ist. Tiefer geht dieser Mundtrichter nicht, denn wie der Gipsabguß zeigt, stellt der beschriebene „Kraterrand" das Ende dar, woraus sich die Länge des Trichters ersehen läßt; diese reicht kaum an den außen sichtbaren Absatz Mundmagen—Zentralmagen.

Diese Verhältnisse sind in Fig. 1 auf Taf. II schematisch dargestellt, in welcher unter Annahme der Sessilität (Stiel nach unten, Mund nach oben) und der daraus hervorgehenden physiologischen Lage der Versuch gemacht wurde, die ursprüngliche Gestaltung nach dem Ausguß darzustellen. Hierbei ist der Schnitt etwa in Richtung der Radialkanäle r_2 (rechts im Bild) und r_7 (links im Bild) gelegt.

Die Höhe des Mundmagens beträgt (am Rande gemessen) etwas über 1 mm an der höchsten Stelle. Man bemerkt, wie auch Fig. 1 Taf. II zeigt, daß er sich gegen den Zentralmagen etwas verjüngt. Diese so bewirkte Verengerung des Raumes dürfte als die Gaumenpforte (gp der Fig. 1 Taf. II) zu deuten sein. — Die Oberfläche des Mundmagens senkt sich allseitig etwas gegen die Mitte und bricht dann steil gegen die kleine Trichteröffnung ein. Die obere randliche Begrenzung des Trichters — also die Grenze gegen den flach einfallenden Teil — läßt u. d. L. unregelmäßige kleine Einsprünge erkennen: indessen kann nicht festgestellt werden, ob dies etwa als Andeutung einer Zerschlitzung (entsprechend dem Mundkreuz vieler rezenten Medusen) oder um zufällige Deformationen aufzufassen ist. Die Zahl dieser Gebilde ist sehr schwer feststellbar.

Nun der Umriß des Mundmagens, wozu zunächst auf v. Huenes *Medusina geryonides* zurückgegriffen sei. Auch hier ist genau derselbe Mundmagen vorhanden, welcher indessen in den Zentralmagen eingedrückt ist, so daß seine Oberfläche tiefer als die des Zentralmagens ist. Es ist dies in der von v. Huene gegebenen Fig. 1 deutlich erkennbar. Auch hier besitzt die Mundregion den eingesenkten Trichter: u. d. L. ist gerade noch der Übergang zu dem Trichter zu sehen, dieser selbst aber ausgefüllt. So ist die Übereinstimmung des Mundmagens der *Medusina geryonides* und der vorliegenden Form vollkommen. Wie v. Huene mit Recht hervorhebt, ist eine recht deutliche Sechszähligkeit des Mundmagens (v. Huene deutet das Stück als Magenstiel) zu bemerken. Auch bei unserer Form ist diese angedeutet: 5 Seiten des Sechseckes

TAFEL I.

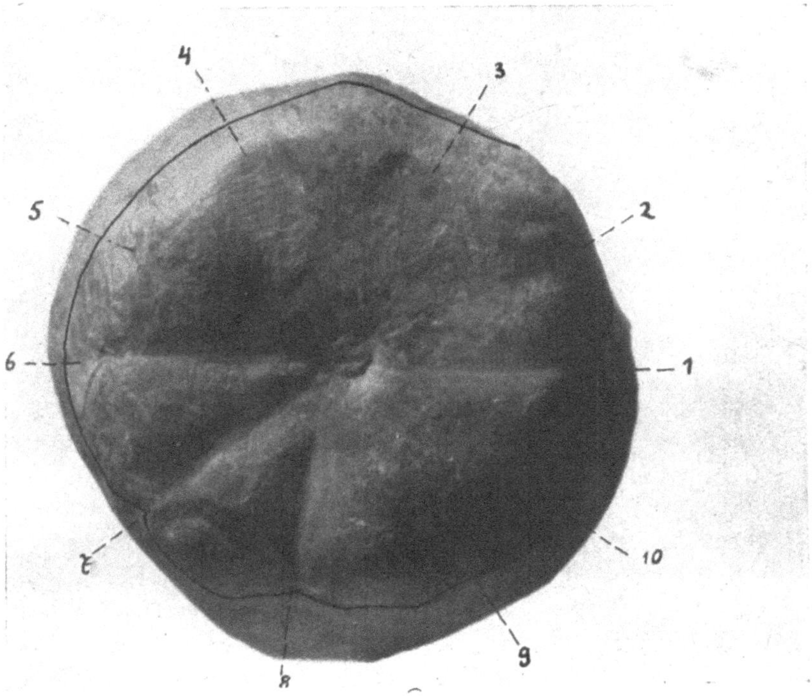

Fig. 1.

Fig. 2.

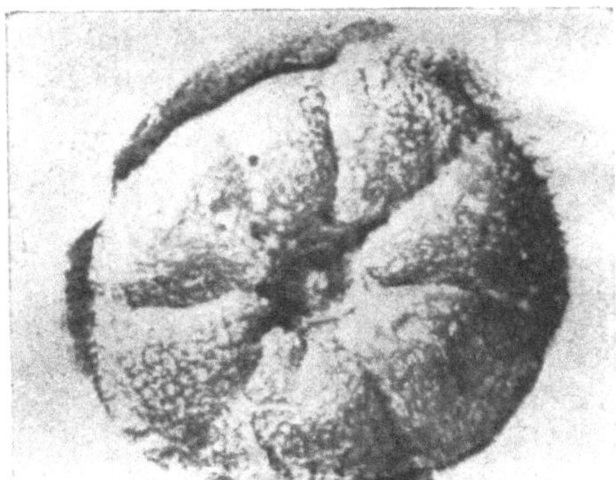

Fig. 3.

TAFEL II.

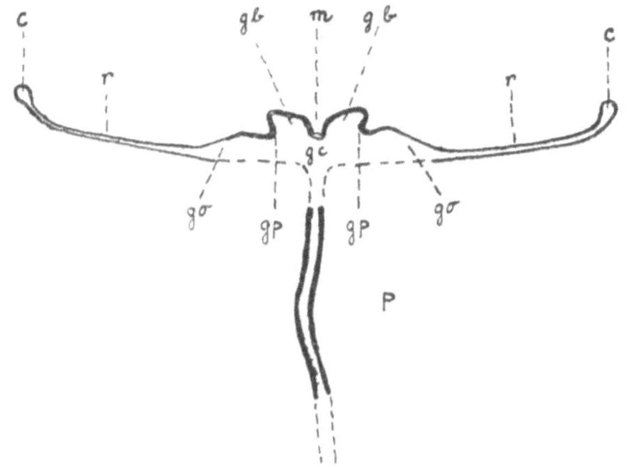

Fig. 1.

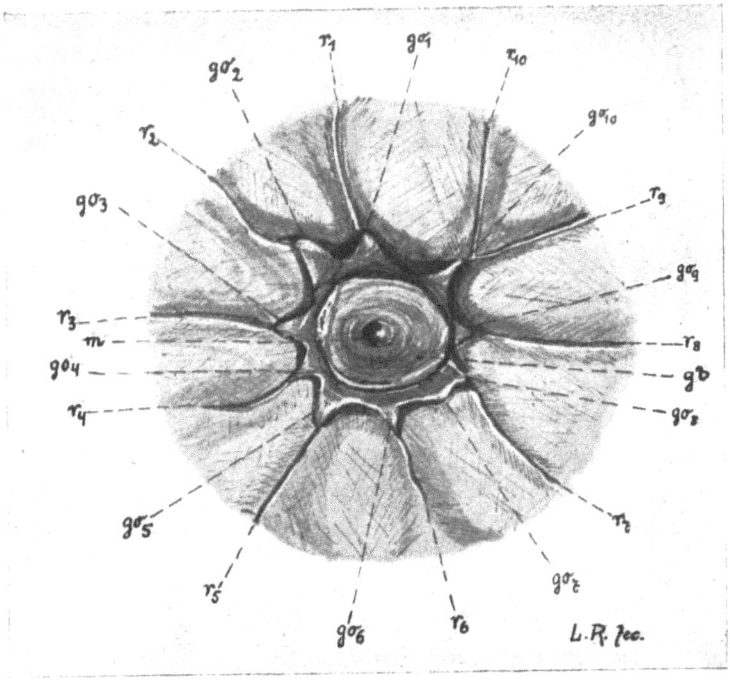

Fig. 2.

ziemlich gut, die sechste gerundet, aber hier ist, wie die Betrachtung unter der Lupe zeigt, der Rand verdrückt, so daß dadurch diese Unregelmäßigkeit entsteht. Das Sechseck ist allerdings stark unregelmäßig. Man könnte also auch für das vorliegende Exemplar eine Sechszähligkeit des Mundmagens annehmen.

U. d. L. sind ferner noch undeutbare Kleinformen zu sehen, denen jedoch, da sie sehr unsicher sind, keine weitere Bedeutung zugemessen werden kann.

Nun der unregelmäßig-sternförmige Zentralmagen. Die verschiedenen Vorsprünge (vgl. Taf. II Fig. 2) entsprechen auch in der ursprünglichen Hohlform Ausstülpungen. Ihnen sitzen (mit einer Ausnahme und diese wird noch besonders zu behandeln sein) die Radialkanäle an. Daraus ist wohl zu folgern, daß man in diesen Vorsprüngen die Magenspalten (ostia gastralia) zu sehen hat.

Es seien zunächst die Magentaschen und ihr Zusammenhang mit den Radialkanälen betrachtet. Im ganzen sind 10 Magentaschen vorhanden (in Fig. 2 auf Taf. II mit go_1—go_{10} bezeichnet), wovon go_7 sehr klein, aber durchaus deutlich ist, jedoch keinen Radialkanal aussendet. An Radialkanälen (r_1—r_{10} in Fig. 2 auf Taf. II) sind ebenfalls 10 vorhanden, wobei aber die Zahl der Radialkanäle und die der Magenspalten, wenn man die Zusammengehörigkeit berücksichtigt, nicht korrespondiert. Es gehören nämlich folgende Radialkanäle und Magentaschen zusammen (vgl. Taf. II Fig. 2):

$$\left.\begin{array}{lll} go_1 & \text{mit} & r_1 \\ go_2 & ,, & r_2 \\ go_3 & ,, & r_3 \\ go_4 & ,, & r_4 \\ go_5 & ,, & r_5 \\ go_6 & ,, & r_6 \\ go_8 & ,, & r_7 \\ go_9 & ,, & r_8 \end{array}\right\} = \begin{array}{l}\text{8 Magentaschen mit 8 Radialkanälen} \\ \text{(je eine Magentasche mit einem Radialkanal)}\end{array}$$

go_{10} ,, $r_9 + r_{10}$ = eine Magentasche mit 2 Radialkanälen,
go_7 ohne Radialkanal = eine Magentasche ohne Radialkanal.

Bei go_{10} liegt zweifellos eine Gabelung vor, diese prägt sich natürlich in der an den peripheren Teilen gewonnenen Zähligkeit aus.

Da nun in erster Linie auf die am Zentralmagen gewonnene Zahl Rücksicht genommen werden muß, so darf man wohl mit Bestimmtheit auf eine Zehn- (Fünf-) Zähligkeit der vorliegenden Meduse schließen.

Nun ist dem aber noch etwas Weiteres hinzuzufügen, was sich aus genauer Betrachtung des von den Radialkanälen r_6 und r_7, in welcher die Magenspalte go_7 (ohne Radialkanal) liegt, ergab. Bei sehr genauer Betrachtung macht es nämlich den Eindruck, als ob sich doch ein allerdings kaum angedeuteter Radialkanal hier befindet, welcher sich gabelt und dessen Äste gegen die Radialkanäle r_6 und r_7 verlaufen. Es handelt sich, wie gesagt, um sehr feine Spuren, die ein anderer Beobachter mit gleichem Recht vielleicht als ganz unsicher negieren wird. Wenn sie hier beschrieben werden, so geschieht es, um auf einige Zusammenhänge mit *Medusina geryonides* zu kommen.

In Fig. 1 ist dieser fragliche gegabelte Radialkanal dargestellt. Hierdurch wird das von r_6 und r_7 eingenommene Feld in weitere drei Teile zerlegt. Zusammen mit den übrigen 10 Radialkanälen ergibt sich also dann eine Zwölf- (2 × 6) Zähligkeit. Dies ergibt eine Übereinstimmung mit *Medusina geryonides*, mit welcher unsere Form überhaupt fast vollständige Übereinstimmung aufweist. Bevor hierauf eingegangen sei, sollen aber nochmals die bisherigen Daten über die Zähligkeit und wie diese gewonnen wurden, zusammengestellt und gewertet werden:

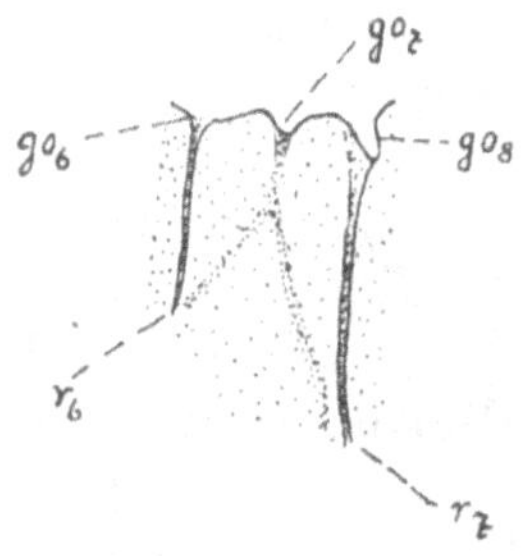

Fig. 1.

I. Peripher gewonnene Zahlen:

10 Radialkanäle (2 × 5). Einwandfrei. Berücksichtigt r_1—r_{10}.

II. Zentral gewonnene Zahlen:

a) An den Magenspalten:

10 Magenspalten (2 × 5). Einwandfrei.

b) Unter Annahme, daß go_7 noch einen gegabelten Radialkanal besitzt:

12 Radialkanäle (2 × 6).

Diese letzte Zahl hängt also von der Richtigkeit der Deutung der zarten Gebilde zwischen r_6 und r_7 als Radialkanäle ab. Es würden sich dann dabei 10 Magenspalten ergeben, denen 12 Radialkanäle gegenüberstehen, wobei also go_{10} und go_7 je zwei besitzen.

Es sei nun *Medusina geryonides* unter diesen Gesichtspunkten betrachtet, wobei also die Kernfrage zu lauten hat: Wie verhält sich die im peripheren Teil gewonnene Zahl zu der am Magen? Zunächst sei hervorgehoben, daß auch hier der Mundmagen und Zentralmagen mit den Magenspalten vorhanden ist, nur daß die tiefere Lage des Mundmagens, wie schon erwähnt, m. E. durch eine mechanische Deformation

— Eindrücken in den Zentralmagen — zu erklären ist.[1]) Hierdurch verliert der Abdruck auch sehr an Schärfe. VON HUENE nimmt eine Zwölf- (Sechs-) Zähligkeit an. Die Zahl der Radialkanäle, welche bis auf eine Ausnahme alle bis zum Ringkanal durchlaufen, beträgt 12. Der Zentralmagen mit seinen Magenspalten zeigt auf den ersten Blick ebenfalls ohne Zweifel eine Zwölf- (Sechs-) Zähligkeit, aber wie auch v. HUENES Figur deutlich zeigt, konvergieren zwei Paare der Radialkanäle sehr stark (in der Figur im NW und SW Quadranten gelegen), so daß man die Frage stellen kann, ob es sich nicht hier um eine Gabelung handelt. Wohl bemerkt: Kleine Magentaschen bilden auch hier den Übergang vom Zentralmagen zu den vier genannten Radialkanälen; das Auffällige ist aber nur die starke Konvergenz. Betrachten wir diese Erscheinung als Gabelung, so bekommt man aber auch eine Zehnzähligkeit am Magen. Sollte hier vielleicht der Fall vorliegen, daß man es mit einer Form zu tun hat, welche den Übergang von der Sechs- zur Fünfzähligkeit oder umgekehrt zeigt? Und weiter, wenn dies der Fall ist, handelt es sich (von individuellen Anomalien zunächst abgesehen) um ein stammesgeschichtliches Merkmal und wie ist dies zu werten? Die weitere Behandlung der Frage soll einem späteren Abschnitt vorbehalten sein. Festzuhalten ist zunächst daß bei *Medusina geryonides*

1. auf Grund der Radialkanäle eine Zwölf- (2 × 6) Zähligkeit angenommen werden kann,
2. auf Grund der Magentaschen unter Annahme, daß an zwei Stellen
   a) Vier Radialkanäle in zwei wirklich scharf getrennte Magentaschen münden, eine Zwölf- (2 × 6) Zähligkeit vorliegt oder aber, daß
   b) nur eine Gabelung vorliegt, was zu einer Zehn- (2 × 5) Zähligkeit führt.

Es seien also nochmals die bisherigen Deutungen bei *Medusina geryonides* und der vorliegenden Form in bezug auf die Zähligkeit zusammengestellt:

I. Absolut sichere Zahlen, ohne die besprochenen Deutungen:
   1. Vorliegende Form: 10 Radialkanäle (2 × 5). Periphere Zahl.
   2. Vorliegende Form: 10 Magentaschen (2 × 5). Zentrale Zahl.
   3. *Medusina geryonides:* 12 Radialkanäle (2 × 6). Periphere Zahl.

[1]) Die periphere erhöhte Leiste möchte ich also im Gegensatz zu v. HUENE weniger auf eine durch das Einsinken in das Sediment hervorgerufenen Erhebung, als auf den Ringkanal zurückführen. Sicher spielt jedoch die von v. HUENE angenommene Aufpressung eine Rolle, dies zeigt die Ungleichheit in der Tiefe des Abdruckes (vgl. dies bei v HUENE).

II. Zähligkeit, die auf Grund der besprochenen Deutungen sich ergeben:

1. Vorliegende Form: 12 Radialkanäle (2 × 6). Periphere Zahl.
2. *Medusina geryonides:* 12 Magentaschen (2 × 6). Zentrale Zahl, oder 10 Magentaschen (2 × 5). Zentrale Zahl.

Bei der sonst so völligen Übereinstimmung mit *Medusina geryonides* fällt es schwer zu entscheiden, welche Zahl und mit welcher Wertung man vorziehen will.

Die Beschreibung der vorliegenden Form ist damit abgeschlossen.

Systematische Stellung und Namensgebung.

Trotz der Übereinstimmung mit *Medusina geryonides* — die Abweichung besteht, wie also schon betont, lediglich in der Zähligkeit und hier ist diese zudem auch anders deutbar —, möchte ich die Gattungsbezeichnung „Medusina" für die vorliegende Form nicht in Anwendung bringen. Sehr ist sicherlich v. Huenes Vorschlag beizupflichten, wenn er zunächst den ganz neutralen Namen „Medusina" als Gattungsnamen verwendet, indessen zeigt die bedeutend bessere Erhaltung des neu hinzugekommenen Exemplares doch, daß man in der Namensgebung für die Gattung noch einen Schritt weiter gehen kann.

Bevor unter den rezenten Formen Umschau gehalten wird, mögen nochmals einige wichtige Punkte zusammengestellt werden, welche den Ausgang für die weiteren Erörterungen bilden:

1. Der Magen zeigt eine scharfe Trennung in Mundmagen und Zentralmagen (vgl. dazu Punkt 6).
2. Die Mundöffnung wird durch einen in den Mundmagen eingesenkten kleinen Trichter gebildet. Dieser zeigt (von ganz unsicheren Spuren abgesehen) keine weiteren Differenzierungen.
3. Der Zentralmagen besitzt 10 Ausstülpungen, welche als Magentaschen zu deuten sind und welche den Übergang zu den Radialkanälen bilden (vgl. Ausführungen auf S. 9).
4. Radialkanäle und Ringkanal sind vorhanden. In einem Fall ist eine Gabelung direkt an der Magentasche zu bemerken.
5. Einige Radialkanäle enden blind (gegen die Peripherie). Zentripetal blind endigende Radialkanäle fehlen.
6. Von der Exumbrellarseite erstreckt sich ein Stiel, welcher höchstwahrscheinlich von einem Kanal durchzogen war. Dieser Kanal wäre als der Basalmagen zu betrachten. Man hat es damit also mit einem Schirmstiel zu tun.

Von der Zähligkeit kann vorläufig abgesehen werden.

Alle diese genannten Merkmale scheinen voll und ganz auch bei *Medusina geryonides* zuzutreffen, wenngleich nicht immer so deutlich (ein Kanal im Stiel ist, durch seine Lage bedingt, nicht sichtbar).

Sowohl bei vorliegender Form wie bei *Medusina geryonides* handelt es sich ferner um die ersten fossilen Medusen überhaupt, bei welchen in solcher Deutlichkeit der Magen erhalten ist. Auch die peripheren wie die radialen Leisten lassen in diesem Zusammenhang keine andere Deutung als die des Ringkanals bzw. Radialkanäle zu, wenngleich deren Erhaltungsfähigkeit prinzipiell bisweilen widersprochen wurde (Maas 1901 S. 309).

Ein Vergleich mit den bisher aus der Literatur bekannt gewordenen fossilen Medusen zeigt, daß die vorliegende Form und *Medusina geryonides* mit keiner verglichen werden kann.

Auf dieser Basis muß der Konnex mit den rezenten Formen gesucht werden.

Hierbei ist zunächst die Gliederung des Magens in Zentralmagen, Mundmagen und eventuell Basalmagen das wichtigste Merkmal, welches die beiden Doggermedusen zu den Scyphomedusen stellt.

Im Gegensatz dazu besitzen die Hydromedusen einen vorwiegend schlauchförmig gestalteten Magen (manubrium), welcher, sofern er nicht der Glocke direkt aufsitzt, mit dieser durch einen langen Magenstiel verbunden ist. Ein Magenstiel fehlt den akraspedoten Medusen, bei welchen die axiale Verlängerung des Gastrovaskularsystems durch einen Mundstiel bewirkt wird.

Hervorgehoben sei also nochmals, daß, wie gerade das vorliegende Exemplar zeigt, der an der konvexen Seite auftretende Stiel im Gegensatz zu v. Huene keinesfalls als Magenstiel gedeutet werden kann, da diese Lage 1. nicht die normale sein kann und 2. daß das von v. Huene angenommene Ein- und Durchpressen nicht stattgefunden haben konnte. da damit eine nicht zu vermeidbare Zerstörung des Magens erfolgt wäre.

Auch um einen Mundstiel („Rüssel") kann es sich nicht handeln: dies zeigt die Beschaffenheit des Mundmagens, in welchem sich der Mund in Form eines kurzen eingesenkten Trichters (vgl. Taf. II Fig. 1) befindet. Es muß daher gefolgert werden, daß diese Form überhaupt keinen Mundstiel besaß. Da nun der Mund zudem keine deutliche Differenzierung besaß, wie dies alle rezenten Scyphomedusen zeigen, darf weiter gefolgert werden, daß hier ein entwicklungsgeschichtlich primitiver Zustand vorliegt, da die heutige Differenzierung zweifellos als eine höhere Spezialisierung zu betrachten ist.

Die Bedeutung des Stieles ist schwer zu ermessen. Es darf aber, wie aus den nachfolgenden Erörterungen hervorgeht, angenommen werden, daß er als ein polypoides Merkmal zu betrachten ist; sicherlich ist es keine Anpassungserscheinung, da dies mit der Vorstellung von dem Irreversibilitätsgesetz unvereinbar wäre.

Ein kurzer Schirmstiel ist auch bei einigen Hydromedusen bekannt (z. B. unter den Anthomedusen bei den Codoniden). Er enthält auch bei diesen den zurückgebildeten und blind endenden Basalmagen. Unter den Scyphomedusen ist ein Schirmstiel besonders bei den sessilen Lucernariden vorhanden, bei welchen der Kanal bis zur Haftscheibe durchgeht. Nicht durchgehend findet er sich bei den Coronaten (Periphyllidae s. l.). Er fehlt den Carybdeiden, Semaeostomen (Discomedusen z. T.) und Rhizostomen.

Dies zeigt jedenfalls, daß — wie dies auch bei der zweifellos polyphylletischen Entstehung der Medusen nicht anders zu erwarten ist — in den verschiedenen Gruppen die Reduktion des Stieles als polypoides Merkmal zu betrachten ist, und daß die Existenz eines Stieles durchaus keinen Aufschluß über die nähere systematische Zugehörigkeit geben kann. Aber immerhin ist es zweckmäßig, doch auch die rezenten gestielten Formen unter diesem Gesichtspunkt näher zu betrachten. Die Hydromedusen schalten, wie schon erwähnt, von vornherein aus, da der Magen nicht die Differenzierung zeigt wie bei der vorliegenden Form, und anderseits es sich bei den Hydromedusen auch nicht etwa um eine Rückbildung handelt. Es bleiben demnach unter den stieltragenden Formen nur solche von den Scyphomedusen übrig, nämlich die Lucernariden und die Coronaten z. T.[1])

Die Lucernariden zerfallen[2]), je nach der Ausbildung der Gastraltaschen in zwei Reihen, eine primitive mit ganz einfachen Gastraltaschen und eine höher spezialisierte bei welchen die Gastraltaschen durch Subumbrellarfalten in „radialwärts hintereinanderliegende Taschenpaare" (KRUMBACH) gegliedert werden. Zu den ersteren, den Eleutherocarpiden, gehören u. a. die Lucernariden, zu den zweiten, den Cleistocarpiden u. a. die Depastrelliden. Für vorliegende Form sind die Verhältnisse schwer übertragbar, indessen könnte m. E. eher dem ganzen Habitus nach angenommen werden, daß es sich um einfache Gastraltaschen handelt.

---

[1]) Die Tesseriden HAECKELS (1879), welche er als die primitivsten Lucernariden betrachtet, werden in der neuen Systematik negiert (KRUMBACH in KÜKENTHAL 1923/25 S. 530).

[2]) Die hier verwendete Systematik hält sich an KRUMBACH.

Mit der Zähligkeit ist wenig anzufangen. Wie mehrfach bemerkt, beträgt die Zähligkeit der Magentaschen 10 (2 × 5), die der Radialkanäle 10 (2 × 5) bzw. 12 (2 × 6). Wenngleich die Tetramerie unter den Lucernariden heute herrschend ist, so bestehen nach KRUMBACH doch zahlreiche Anomalien. Zudem ist es eine häufige Erscheinung, daß die Zähligkeit auch unter anderen Gruppen (z. B. bei den Echinodermen) im Verlauf der stammesgeschichtlichen Entwicklung variabel ist.

Würden also diese Verhältnisse vielleicht für die Zugehörigkeit zu den Lucernariden sprechen, so widerspricht jedoch die Ausbildung der Kanalsysteme dieser Annahme (vgl. HAECKEL 1879 S. 384ff.). Echte Radialkanäle fehlen den Lucernariden; es setzen den Gastraltaschen des Zentralmagens breite „Radialtaschen“ (bursae radiales = Radiärkanäle HERTWIGS) an, welche randlich kommunizieren und auf diese Weise einen verschieden breiten „Ringkanal“ bilden. Dies scheint ein derartig durchgreifender Unterschied zu sein, daß man vorliegende Form keinesfalls mit den Lucernariden in Zusammenhang bringen darf.

Unter den Coronaten besitzen die Periphylliden z. T. einen kleinen Schirmstiel, in welchem der Basalmagen blind endet. Bemerkenswert erscheint ferner, daß an deren vierseitigem Mundrohr eine nach innen (gegen den Zentralmagen) gerichtete Einstülpung auftritt (KRUMBACH in KÜKENTHAL S. 580 und HAECKEL 1879 S. 405). Eine trichterförmige Einstülpung, freilich ganz anderer Gestaltung, zeigt ja auch die vorliegende Form; aber man könnte immerhin vielleicht hierin eine primitive Gestaltung sehen. Indessen ist auch bei den Periphylliden das Kanalsystem so vollkommen andersartig (ähnlich dem der Lucernariden), so daß auch sie aus der Erörterung ausscheiden dürften.

Sehr unwahrscheinlich ist ferner die Zugehörigkeit zu den Nausithoeen und den der Atolla nahestehenden Formen (letztere von HAECKEL zu den Discomedusen gestellt, welche sich bei KRUMBACH auf die Semaeostomen und Coronaten verteilen). Auch hier würde sich wohl die Magenregion eventuell in Übereinstimmung bringen lassen, nicht aber das Kanalsystem.

Nun besitzen zahlreiche Familien der Semaeostomen und Rhizostomen schmale, enge Radialkanäle und einen schmalen Ringkanal, wobei die Radialkanäle einfach (bei den Flosculiden z. B.) oder weitgehend gegabelt (z. B. bei den Versuriden und Crambessiden) sein können. Die Art der Gabelung ist allerdings bei den rezenten Formen eine ganz andersartige.

Auch liefern gerade die Rhizostomen und Semaeostomen zahlreiche fossile Vertreter, die meisten Funde aus den Solnhofener Schiefer gehören ihnen an. Wenngleich auch bei diesen manches noch strittig ist, wie die scharfen Angriffe eines der besten Medusenkenners auf die von palaeontologischer Seite erfolgten Bearbeitungen zeigen (Krumbach in Kükenthal S. 681), so darf dennoch mit Bestimmtheit angenommen werden, daß bereits im oberen Malm die Semaeostomen und Rhizostomen nebeneinander als scharf differenzierte Gruppen unter den Scyphomedusen existierten. Aus älteren Schichten sind keine mit Sicherheit bekannt. da die kambrische *Medusina costata* (von Walcott 1898 zu den Semaeostomen gestellt) nach Krumbach eher Beziehungen zu Aurelia (Coronaten) zeigt. *Brooksella* (Walcott 1898) könnte nach Krumbach vielleicht mit den Rhizostomen und unter diesen mit Cassiopea verglichen werden.

Krumbach spricht die Vermutung aus, daß es sich bei Rhizostomen um eine polyphylletisch entstandene Gruppe handelt, welche auf die drei Subfamilien der Semaeostomen (Pelagidae, Cyanidae und Ulmaridae) zurückgehen könnten.

Unter dieser Annahme möchte es m. E. deshalb noch am angängigsten sein, vorliegende Form in die Nähe der Semaeostomen zu stellen. Betont sei nochmals, daß

1. die Beschaffenheit des Magens die Zugehörigkeit zu den Hydromedusen ausschließt, trotz des manchmal hier vorhandenen ähnlich gestalteten Kanalsystems,
2. die Ausbildung des Kanalsystems die Zugehörigkeit zu den Lucernariden, Carybdeiden und Coronaten ausschließt,
3. in Anbetracht, daß die Semaeostomen und Rhizostomen im Malm bereits als differenzierte Ordnungen nebeneinander bestehen und die Vermutung ausgesprochen wurde, daß die Rhizostomen polyphylletisch aus den Semaeostomen hervorgingen,
4. das Gastrovaskularsystem Hinweise auf die Semaeostomen wie Rhizostomen zeigt.

So könnte m. E. die vorliegende Form als eine primitive Semaeostome betrachtet werden. Ihre Merkmale sind also:

1. die Radialkanäle sind eng und münden z. T. in einen engen Ringkanal, z. T. enden sie blind gegen die Peripherie. Die Radialkanäle stehen durch Magentaschen mit dem Zentralmagen in Verbindung.
2. Der Magen zeigt eine einwandfreie Differenzierung in Mundmagen und Zentralmagen (mit den oben genannten Magentaschen) und Basalmagen (Stielkanal).
3. Ein Magen- und Mundstiel fehlt sicher. Die Mundöffnung wird durch einen kurzen Trichter gebildet, welcher in den Mundmagen eingesenkt ist.

4. Die Form war sessil. Vermutlich war der Schirmstiel bereits während des Lebens der Meduse so tief in das Sediment eingesenkt, daß der Schirm nur wenig über dem Meeresgrund sich erhob. Dadurch würde sich die vorwiegend gerade Form des Stieles und die vorzügliche Erhaltung des übrigen Teiles erklären.
5. Die Anwesenheit des Stieles und die damit verbundene Sessilität ist als ein polypoides Merkmal der Meduse aufzufassen, im gleichen Sinne, wie dies für die Lucernariden geschieht (KRUMBACH in KÜKENTHAL S. 560). Er war bereits im oberen Malm bei den Semaeostomen verschwunden.
7. Die Zähligkeit scheint zu schwanken (vgl. die Ausführungen auf S. 9). Es kann sich sowohl um eine Zehn- (2 × 5) als Zwölf- (2 × 6) Zähligkeit handeln.

Als Gattungsnamen möchte ich aus diesem Grunde

Palaeosemaeostoma

in Vorschlag bringen, um auf die Beziehung zu den Semaeostomen hinzuweisen.

Da ferner diese Form höchstwahrscheinlich identisch mit v. HUENES *Medusina geryonides* ist (von der Zähligkeit soll aus den angeführten Gründen abgesehen werden), so ist die Speziesbezeichnung „geryonides“ beizubehalten, so daß die jetzige Bezeichnung der Meduse „Palaeosemaeostoma geryonides v. Huene sp.“ zu lauten hätte.

Medusina liasica nov. spec.

(P. RÜGER-HAAS).

Fundort und Horizont. Im Sommer 1916 fand ich etwa NW von Hechingen an einer Wegeböschung als Lesestück im Lias den Ausguß (Steinkern) einer Qualle. Der Gesteinsbeschaffenheit nach dürfte es sich wohl um Lias γ handeln, es ist ein eisenschüssiger dichter Mergel.

Beschreibung. Die Abbildung (Fig. 1 auf Taf. I) zeigt die Meduse in ihrer natürlichen Größe von oben gesehen. Der Durchmesser beträgt im Mittel 6,5 cm. Die randliche Dicke schwankt zwischen 2,5 und 3,2 cm. Die Dicke im Zentrum — wobei sowohl die Ober- wie die Unterseite eine zentrale Einsenkung zeigt — beträgt etwa 2 cm. Die ganze Form läßt eine deutliche Gliederung in zwei Teile erkennen. Der obere Teil wird, wie Fig. 1 auf Taf. I zeigt, durch radial verlaufende Furchen in mehrere $\pm$ deutliche polsterartige Erhebungen geteilt. Dieser so gegliederte Teil sitzt einem unregelmäßig oval gestalteten Wulst auf. In Fig. 1 auf Taf. I ist die Grenze beider Teile etwas durch Nachziehen hervorgehoben. Einen schematisierten Querschnitt zeigt die Textfigur 2. Wieweit der untere Teil wirklich zur Meduse gehört oder ob es sich um eine zufällige konkretionäre Bildung handelt, wird später zu besprechen sein.

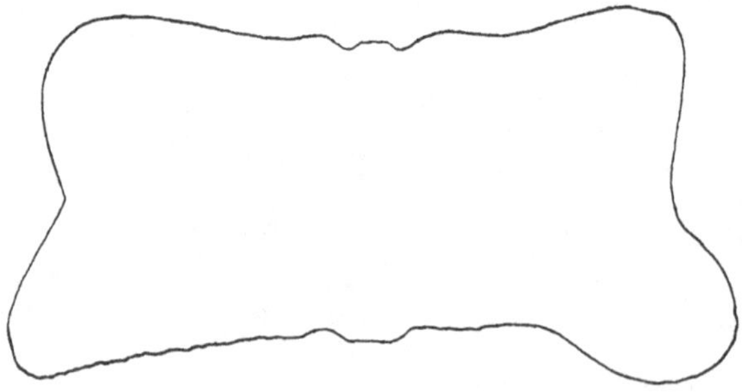

Fig. 2.

Oberseite: Die radialen Furchen sind in der Abbildung mit den Zahlen 1 bis 10 bezeichnet, wovon 1, 6, 7 und 8 deutlich von der Mitte bis zum Rand durchgehen, während die übrigen undeutlich sind. Der Abstand der einzelnen Furchen sowie ihre Breite und Tiefe wechselt.

Womit zugleich natürlich auf die ganz unterschiedliche Form der zwischen ihnen liegenden Polster hingewiesen ist. Vom Rand nach der Mitte zugehend erkennt man, mit Ausnahme der Partie zwischen 6 und 9 (schwach auf der Abbildung und beim Abtasten des Originals), daß der Rand nicht gleichmäßig gegen die Mitte zu einfällt, sondern daß etwa 2 cm vom Rand entfernt noch eine schwache Aufwölbung auftritt, der dann erst der eigentliche steile Abfall nach dem „Mittelfeld" folgt (siehe Fig. 2). Dieser mittlere Teil, etwa 0,5 cm im Durchmesser, zeigt noch eine ganz unregelmäßige, schwach aufgewölbte Platte (die in der Abbildung (Fig. 1 Taf. I) durch vier dunklere Stellen erscheinende Symmetrie ist z. T. Täuschung durch die Reproduktion, z. T. zufällige Beschädigung).

Die Oberseite ist fast kreisrund. Zwischen 2 und 3 fällt das Original vom Oberrand etwa 3 cm fast senkrecht zur Unterseite ab. Bei 7 ähnlich, mit einer schwachen Wölbung nach außen. Zwischen 1 und 8 und zwischen 3 und 6 fällt der Außenrand etwa 1,5 cm auch senkrecht ab, dann erscheint unterhalb eines $\pm$ deutlichen Absatzes die untere Partie unregelmäßig herausgequetscht. Die radialen Furchen sind nur bis zu diesem Absatz deutlich zu verfolgen.

Unterseite: Die Durchmesser der Unterseite betragen etwa 6 × 7 cm, so daß sie ungefähr einen unregelmäßig ovalen Umriß besitzt. Der randliche Teil wird durch einen ca. 2 cm breiten, z. T. glatten Wulst gebildet (vgl. Querschnitt Fig. 2), welcher sich allseitig nach dem unregelmäßig gestalteten zentralen Teil senkt. In seiner Mitte liegt ein etwa 1,5 cm langer und 0,5 cm breiter Wulst.

Die Deutung ist schwierig, vor allem die Frage, ob dieser Unterteil zur Meduse gehört oder ob es sich um eine zufällige konkretionäre Bildung handelt. Mit Ausnahme der oben geschilderten Gliederung läßt sich nichts weiteres erkennen. Radiale Furchen scheinen vorhanden zu sein, sind aber zu undeutlich, so daß man kaum bestimmtes feststellen kann. Man könnte versucht sein, vielleicht in dem zentralen Wulst die Andeutung eines Magenstiels zu sehen, welcher seiner Lage nach hier zu erwarten wäre; ein sicherer Beweis läßt sich indessen nicht erbringen. Insofern dürfte der zentrale Teil sicher mit der Meduse zusammenhängen, als solche konkretionären Bildungen vielfach auf verwesende, nicht erhaltungsfähige Substanz zurückgehen; in diesem Falle wohl auf Tentakeln und ähnliches.

Bezüglich der Fossilisation der Meduse ist wohl anzunehmen, daß es sich um den Ausguß einer Hohlform handelt, welchen die Meduse mit ihrer Exumbrellarseite in dem weichen Schlamm hervorbrachte. Man muß also annehmen, daß die Meduse auf irgendwelche Weise mit der Exumbrellarseite nach unten einsank. Es kann nicht verkannt werden, daß man einen Einwand gegen diese Vorstellung erheben kann. Der Schwerpunkt der lebenden Meduse liegt in der Magenregion (Magenstiel, Mundstiel, Mundarme), so daß in der Schwebestellung die Exumbrellarseite nach oben gerichtet ist. Das Niedersinken wird sich also meistens auch in dieser Lage vollziehen. Andererseits ist von einigen rezenten Medusen bekannt, daß sie in Fangstellung so auf dem Boden liegen, daß die Exumbrella nach unten gerichtet ist (Krumbach in Kükenthal 1923, S. 470). Aus geologischen Gründen wird die oben geschilderte Lage bei der Fossilisation angenommen; so erklärt sich die bessere Erhaltung der Exumbrellarseite. Auch die an den Seiten auftretenden Rutschstreifen sprechen für diese Lage.

Vergleicht man die Form mit rezentem Material, so läßt sie sich natürlich nur angenähert einreihen, da kein systematisch wichtiges Merkmal so deutlich erhalten ist, daß mit Bestimmtheit die Zugehörigkeit zu einer Gruppe festgestellt werden kann. Der Discomedusen-Charakter der ganzen Form schließt die Zugehörigkeit zu den Lucernariden und Carybdeiden wohl von vornherein aus. Sie könnte am ehesten mit den Coronaten verglichen werden; der oben beschriebene deutlich erkennbare Absatz könnte mit der Ringfurche (= Kranzfurche) parallelisiert werden, der unregelmäßige untere Teil mit dem Gallertsockel. Auf einige Kleinigkeiten sei noch hingewiesen, ohne daß ihnen allzu große Bedeutung beizumessen wäre. Krumbach in Kükenthal (1923 bis 25) erwähnt S. 591, daß in der Architektonik des Gallertsockels die Zahl 20 schon beobachtet wurde, es liegt also die bei vorliegender Form auftretende Zehnzähligkeit nicht außerhalb der bei rezenten Formen vorkommenden Zahlen. Weiter macht Krumbach auf S. 585 auf die bedeutende Festigkeit der Gallerte aufmerksam, was für die Möglichkeit der Erhaltung überhaupt nicht ganz unwichtig sein dürfte. S. 586 erwähnt er bei *Nauphanta* eine Vertiefung am Scheitel, wie sie bei der vorliegenden Form auch auftritt. Haeckel (1881) gibt S. 88 von der rezenten *Nauphanta Challengeri* (die auch in der horizontalen Scheitelfläche und den vertikalen Seitenwänden unserem fossilen Exemplar ähnlich ist) die Beschreibung der Exumbrellarseite, die „durch radiale und longitudinale Furchen ausgezeichnet ist". Es sei darauf aufmerksam gemacht, weil doch bei den meisten rezenten Formen die Exumbrella vollkommen glatt ist, während bei *Medusina liasica* deutlich die zehn radialen Furchen zu erkennen sind. Nun kann ja wohl trotz dieser äußerlich erscheinenden Zehnzähligkeit in der Mundöffnung und in den Radiärkanälen (um die es sich hier wohl kaum handeln dürfte) eine andere Zähligkeit vorhanden sein, die eben bei diesem Erhaltungszustand nicht feststellbar ist.

Als Gattungsname wird deshalb die neutrale Bezeichnung „*Medusina*“ gewählt. Da es sich weiter um die erste Meduse handelt, die bisher aus dem Lias bekannt wurde, scheint die Speziesbenennung *liasica* angebracht zu sein.

Literaturangaben.

1879 HAECKEL, E.: Das System der Medusen. Denkschriften der med.-naturwissenschaftl. Ges. zu Jena. Jena.

1881 HAECKEL, E.: Die Tiefseemedusen der Challenger Reise und der Organismus der Medusen. Jena.

1898 WALCOTT, Ch.: Fossil Medusae. Mon. of the U. St. geol. Survey, Bd. XXX.

1901 MAAS, O.: Über Medusen aus den Solnhofener Schiefern und der unteren Kreide der Karpathen. Palaeontographica Bd. 48 Lief. 6.

1901 HUENE, v. F.: Kleine palaeontologische Mitteilungen. N. J. f. Min. usw. Jg. 1901, Bd. 1.

1923—1925 KÜCKENTHAL, W.: Handbuch der Zoologie. Bd. I: Protozoa Porifera, Coelenterata und Mesozoa. Herausgegeben von TH. KRUMBACH. Berlin und Leipzig bei W. DE GRUYTER.

Erklärung der Tafeln.

Tafel I.

Fig. 1: *Medusina liasica* nov. sp. aus dem Lias γ von Hechingen. Von oben gesehen in nat. Größe. Original im Besitz der Verfasser.

Fig. 2: *Palaeosemaeostoma geryonides* v. Huene sp. aus dem Dogger γ (nach der Etikette; wahrscheinlich aber aus dem Dogger β) von Wehingen. Nat. Größe. Original im geologischen Institut der Universität Tübingen. r_1—r_{10} = Radialkanäle. p = Ringkanal, o = Bohrgang.

Fig. 3: Gipsausguß von *Palaoesemaeostoma geryonides* v. Huene sp. Man erkennt die tiefen Ausschnitte (Magentaschen), denen die Radialkanäle (hier Vertiefungen) ansetzen. Im Zentrum der Mundtrichter als Kegel (vgl. S. 8). Natürliche Größe. Belegstück im geologischen Institut der Universität Tübingen.

Tafel II.

Fig. 1: Schematischer Querschnitt durch *Palaeosemaeostoma geryonides* v. Huene sp. in etwa anderthalbfacher Vergrößerung, um die vermutliche Anlage des Gastrovaskularsystems zu erläutern. Die gestrichelten Linien sind in ihrem Verlauf vermutet, da sie an der nicht sichtbaren Unterseite liegen. Unter Annahme der Sessilität liegt also der Mund nach oben. Es bedeutet: c = Ringkanal, r = Radialkanal, gb = Mundmagen (gaster buccalis), gc = Zentralmagen (gaster centralis), gp = Gaumenpforte (palatum), m = Mundtrichter, go = Magenspalten (ostia gastralia), p = Schirmstiel (pedunculus), in welchen sich vermutlich der Basalmagen erstreckt (vgl. S. 8).

Fig. 2: Zentraler Teil (Magenregion) von *Palaeosemaeostoma geryonides* v. Huene sp. von oben betrachtet in doppelter Größe. r_1—r_{10} = Radialkanäle. go_1—go_{10} = Magenspalten, gb = Mundmagen, m = Mundtrichter.

Im Verlag von Walter de Gruyter & Co. vormals G. J. Göschen'sche Verlagshandlung — J. Guttentag, Verlagsbuchhandlung — Georg Reimer — Karl J. Trübner — Veit & Comp., Berlin erschienen

Abteilung A. Mathematisch-physikalische Wissenschaften.

Jahrgang 1922.

1. Perron, Oskar. Neue Summationsmethoden und Entwicklungen nach Polynomen. Reichsmark 0·30
2. Perron, Oskar. Über transzendente Funktionen auf Riemannschen Flächen Reichsmark 0·60
3. Baldus, Richard. Über die singulären Punkte reeller Parameterkurven. Reichsmark 0·50

Jahrgang 1923.

1. Deecke, W. Mitteleuropäische Meeresströmungen der Vorzeit. Reichsmark 0·60
2. Liebmann, Heinrich. Die Lie'sche Cyklide und die Inversionskrümmung. Reichsmark 0·40
3. Perron, Oskar. Über Gleichungen ohne Affekt. Reichsmark 0·40
4. Liebmann, Heinrich. Beiträge zur Inversionsgeometrie III. Reichsmark 0·40
5. Kratzert, J. Beitrag zur Kenntnis des Andesins von Bodenmais Reichsmark 0·50

Jahrgang 1924.

1. Th. Curtius und A. Bertho. Einwirkung von Stickstoffkohlenoxyd und von Stickwasserstoffsäure unter Druck auf aromatische Kohlenwasserstoffe. Reichsmark 0·50
2. Liebmann, Heinrich. Umkehrung des Variationsproblems der ebenen Affingeometrie. Reichsmark 0·60
3. Salomon, Wilhelm. Die Intensitäten alluvialer und diluvialer geologischer Vorgänge und ihre Einwirkung auf die pliocäne Rumpffläche des Kraichgaues und Odenwaldes. Reichsmark 1·20
4. Heffter, L. Zur absoluten Geometrie. Reichsmark 0·60
5. van Werveke, L. Über die Entstehung der lothringischen Lehme und des mittelrheinischen Lößes. Reichsmark 1·50
6. Krull, Wolfgang. Die verschiedenen Arten der Hauptidealringe. Reichsmark 0·50
7. Roeser, Ernst. Übergang von der nichteuklidischen Streckentrigonometrie zur Winkelmessung. Reichsmark 0·30
8. Wellstein, Julius. Zur Differentialgeometrie der isotropen Kurven. Reichsmark 1·50
9. Ewald, Rudolf. Die geodynamischen Erscheinungen des krystallinen Odenwaldes als Beispiel einer geoisostatischen Ausgleichsschwingung. Reichsmark 1·50
10. Voelcker, Ilse. Über eine ganz junge Verwerfung bei Rauenberg im Kraichgau. Reichsmark 0·30
11. Liebmann, Heinrich. Die Aufschließung von Differentialinvarianten Reichsmark 0·50

Abteilung B. Biologische Wissenschaften.

Jahrgang 1923.

1. KOSSEL, A. und R. E. GROSS. Über die Darstellung und quantitative Bestimmung des Arginins. Reichsmark 0·30

Von Jahrgang 1925 ab findet die Trennung in Abteilung A und B nicht mehr statt.

Jahrgang 1925.

1. HEFFTER, LOTHAR. Zur absoluten Geometrie II. Reichsmark 0·50
2. ROESER, ERNST. Die komplementären Figuren der nichteuklidischen Ebene. Reichsmark 0·50
3. FLADT, KUNO. Neuer Beweis für die Zuordnung von rechtwinkligem Dreieck und Spitzeck in der hyperbolischen Elementargeometrie. Reichsmark 0·30
4. SALOMON, WILHELM. Beobachtungen über Harnische. Reichsmark 0·70
5. LOEWY, A. Beiträge zur Algebra. 1—4. Reichsmark 1·—
6. HELLPACH, WILLY. 2. Mitteilung zur Physiognomik der deutschen Volksstämme. Reichsmark 0·30
7. LOEWY, ALFRED. Neue elementare Begründung und Erweiterung der Galoisschen Theorie. Reichsmark 2·—
8. CURTIUS, THEODOR und BERTHO, ALFRED. Einwirkung von Stickstoffkohlenoxyd und von Stickstoffwasserstoffsäure unter Druck auf aromatische Kohlenwasserstoffe. Reichsmark 0·40
9. ROESER, ERNST. Die gnomonische Projektion in der hyperbolischen Geometrie. Reichsmark 0·70
10. RASCH, G. Uber die Ausnützung der Gezeiten des Meeres zur Energiegewinnung. Reichsmark 0·80
11. SALOMON, WILHELM. Magmatische Hebungen. Reichsmark 1·20
12. PÜTTER, A. Altersbestimmungen an Drachenbäumen von Tenerife. Reichsmark 0·90
13. VOLK, OTTO. Über geodätische rhombische Kurvennetze auf krummen Flächen, insbesondere auf Flächen konstanter Krümmung. Reichsmark 1·10
14. ROESER, ERNST. Die Fundamentalkonstruktion der hyperbolischen Geometrie. Reichsmark 1·40
15. RÜGER, L. und RÜGER-HAAS, P. Palaeosemaeostoma geryonides v. Huene sp., eine sessile Meduse aus dem Dogger von Wehingen in Württemberg und Medusina liasica nov. sp., eine Coronatenähnliche Meduse aus dem mittleren Lias von Hechingen in Württemberg. Reichsmark 1·50

Abhandlungen
der Heidelberger Akademie der Wissenschaften

Mathematisch-naturwissenschaftliche Klasse

Abteilung A

12. MOHR, ERNST. Über den Zusammenhang zwischen der Struktur und den morphologischen Merkmalen des Diamanten. **1924**. Reichsmark 3·50

Druck: Hermann Böhlaus Nachfolger Hof-Buchdruckerei G. m. b. H. Weimar.

FSC
www.fsc.org
MIX
Papier | Fördert gute Waldnutzung
FSC® C083411

Zeitfracht Medien GmbH
Ferdinand-Jühlke-Straße 7
99095 Erfurt, Deutschland
produktsicherheit@kolibri360.de